装配式建筑建造技能培训系列教材（共四册）

# 装配式建筑建造　构件安装

北京城市建设研究发展促进会　组织编写

王宝申　主　　编

中国建筑工业出版社

**图书在版编目（CIP）数据**

装配式建筑建造 构件安装/北京城市建设研究发展促进会组织编写；王宝申主编. —北京：中国建筑工业出版社，2017.12（2021.4重印）

装配式建筑建造技能培训系列教材

ISBN 978-7-112-21608-6

Ⅰ. ①装… Ⅱ. ①北… ②王… Ⅲ. ①建筑工程-装配式构件-建筑安装-技术培训-教材 Ⅳ.①TU7

中国版本图书馆 CIP 数据核字（2017）第 295094 号

责任编辑：张幼平 费海玲

责任校对：焦 乐

装配式建筑建造技能培训系列教材（共四册）

**装配式建筑建造 构件安装**

北京城市建设研究发展促进会 组织编写

王宝申 主 编

\*

中国建筑工业出版社出版、发行（北京海淀三里河路9号）

各地新华书店、建筑书店经销

霸州市顺浩图文科技发展有限公司制版

北京建筑工业印刷厂印刷

\*

开本：787×1092毫米 1/16 印张：3¾ 字数：72千字

2018年1月第一版 2021年4月第三次印刷

定价：**19.00**元

ISBN 978-7-112-21608-6

（31257）

造就中国建筑业大国工匠

推动中国建筑业精益制造

# 《装配式建筑建造技能培训系列教材》编委会

编委会主任：王宝申

编委会副主任：胡美行　姜　华　杨健康　高　杰

编委会成员：赵秋萍　肖冬梅　冯晓科　黄　群　胡延红

　　　　　　雷　蕾　刘若南

# 《装配式建筑建造　构件安装》分册编写人员

执行主编：胡延红

编写成员：（排名不分先后）

　　　　　张海波　张海松　耿世平　刘　涛　周　旭

　　　　　王　然　王　龙　解成志　郭栋椋　王　冕

# 序

建筑产业化近年来已经成为行业热点，从发达国家走过的历程看，预制建筑与传统施工相比具有建筑质量好、施工速度快、材料用量省、环境污染小的特点，符合我国建筑业的发展方向，越来越受到国家和行业主管部门的重视。

由于装配式建筑"看起来简单、做起来很难"，从国外的经验看，支撑装配式建筑发展的首要因素是"人"，装配式建筑需要专业化的技术人才。国务院《关于大力发展装配式建筑的指导意见》指出：力争用10年左右的时间，使装配式建筑占新建建筑面积的比例达到30%。强化队伍建设，大力培养装配式建筑设计、生产、施工、管理等专业人才。我国每年城市新建住宅的建设面积约15亿平方米，对装配式专业化技术人才的需求十分巨大。

北京城市建设研究发展促进会以贯彻落实"创新、协调、绿色、开放、共享"五大发展新理念为指导，以推动建设行业深化改革、创新发展为己任，顺应产业化变革大势，以行业协会的优势，邀请国内装配式建筑建造方面的资深专家学者共同参与调研，实地考察，科学分析，认真探讨装配式建筑建造施工过程中的每一个细节。经过不懈的努力和奋斗，建立了一套科学的装配式建筑建造理论体系，并制定了一套装配式建筑创新型人才培养机制，组织各级专家编写汇集了《装配式建筑建造技能培训系列教材》。

本教材分为四册，汇集了各位领导、各位同事多年业务经验的积累，结合实践经验，用通俗易懂的语言详细阐述了装配式建筑建造过程中各项专业知识和方法，对现场预制生产作业工人和施工安装操作工人进行了理论结合实际的完整的工序教育。其中很多知识都是通过经验数据得出的行业标准，对于装配式建筑建造有着极高的参考价值，值得大家学习和研究。

各企业和培训机构能借助系列教材加大装配式技术人才的培养力度，提升从业人员技能水平，改变我国装配式专业化技术人才缺失的局面，助力建筑业转型升级，服务城市建设。

当然，装配式建筑建造尚处于初级阶段，本教材内容随着产业化的不断升级还需继续完善，在此诚恳参阅的各位领导和同事予以指正、批评，多和我们进行交流，共同为建筑业、为城市建设贡献自己的微薄之力。

感谢参与本书编写的各位编委在极其繁忙的日常工作中抽出宝贵时间撰写书稿。感谢共同参与调研的各位专家学者对本书的大力支持。感谢北京住总集团等会员企业为本书编写提供了大量的人力资源、数据资料和经验分享。

北京城市建设研究发展促进会

2017 年 12 月 5 日

# 目　　录

# 第一章 构件施工工艺流程

装配式剪力墙结构标准层施工从平面放线开始到顶板混凝土浇筑完成结束，根据其施工特点，科学安排施工工序，形成流水作业。其施工流程如图 1-1 所示。

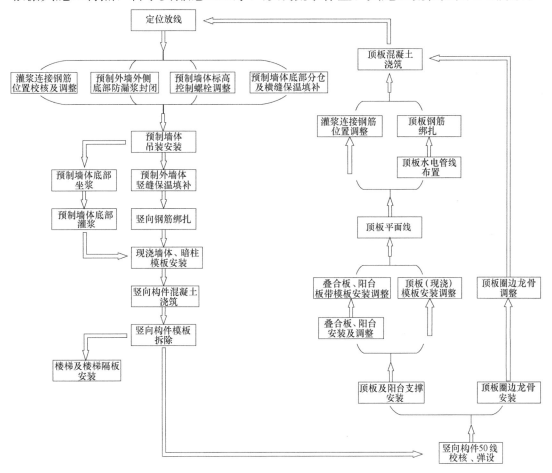

图 1-1 装配式剪力墙结构标准层施工工艺

# 第二章  构件安装施工

## 第一节  预制墙体安装

### 一、工艺流程

测量放线→钢筋校正→标高调整→外墙外侧底部封边→斜撑准备就位→工器具准备→吊装入位→安装临时斜支撑→调整。

### 二、操作要点

#### 1. 吊装前准备

（1）墙体构件安装前应按吊装流程核对构件编号。

（2）检查吊索具，做到班前专人检查和记录当日的工作情况。高空作业用工具必须增加防坠落措施，严防安全事故的发生。

（3）建立可靠的通信指挥网，保证吊装期间通信联络畅通无阻，安装作业不间断进行。

（4）开始作业前，用醒目的标识和围护将作业区隔离，严禁无关人员进入作业区内。

（5）参与作业的人员每日进行班前安全交底，要求操作者时刻牢记安全作业重要性。

（6）螺栓抄平：使用水准仪和塔尺对预埋螺母进行找平，根据不同墙体设置4～6个找平螺栓点。

（7）外墙外侧缝隙封堵：由于预制外墙就位后，墙体底部外侧无法坐浆封堵，外墙就位前必须进行封堵处理。

#### 2. 测量放线

外檐控制线：在外檐墙体阴阳角、内挑板阴阳角设置竖向借线，用以控制结构外檐墙体阴阳角顺直。

楼层平面线：依靠楼层平面控制点弹设楼层平面控制线，依据楼层平面控制线依次弹设墙身实线、墙身300mm或500mm控制线、洞口线；依据底层标高控制线弹设500mm标高控制线。

**3. 套筒钢筋检查校正**

通过平面控制线，检查下层预制墙体的套筒钢筋位置及垂直度，利用钢筋定位钢板对套筒钢筋进行调整。对超差的进行修正，保证预埋钢筋相对位置准确，便于墙板顺利就位（图 2-1）。

**4. 标高调整**

使用水准仪和塔尺进行标高抄测，使用螺栓控制预制墙体底部标高。

**5. 预制墙体安装斜支撑就位**

按照施工方案及图纸要求，对楼板内预埋墙板安装斜支撑所用预埋件位置进行检查，将斜支撑与楼板连接一端固定牢固，为预制墙体吊装作好准备（图 2-2）。

**6. 相关工具准备**

线坠、靠尺等相关测量工具准备，在预制墙体吊装就位后，测量墙体垂直度。准备反光镜、手持电动扳手等相关工具（图 2-3～图 2-5）。

图 2-1 套筒钢筋位置校正

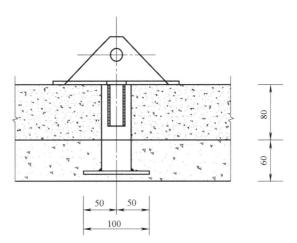

图 2-2 支撑点固定示意图

图 2-3 标高调整

图 2-4 工器具准备 1

图 2-5　工器具准备 2

## 7. 预制墙板吊装

（1）预制墙板吊装前，操作人员应熟悉施工图纸，按照吊装流程核对构件编号，确认安装位置，并标注吊装顺序。严格按照吊装安全方案进行吊装，必须进行试吊。

（2）预制墙体要求使用吊装钢梁进行吊装；不同型号预制墙体需与钢梁吊点一一对应。用锁扣将钢丝绳与预制墙体上端的预埋吊环相连接，吊索水平夹角不应小于 45°。注意起吊过程中，信号工和塔司的相互配合，避免预制墙体堆放架发生碰撞。

（3）用塔吊缓缓将外墙板吊起，待墙体的底边升至距地面 50cm 时略作停顿，再次检查吊挂是否牢固、板面有无污染破损，若有问题必须立即处理。确认无误后，继续提升使之慢慢靠近安装作业面。

（4）在距作业层上方 2m 左右略作停顿，施工人员可以通过引导绳，控制墙板下落方向。

（5）预制墙体再次缓慢下降，待到距预埋钢筋顶部 2cm 处，利用反光镜观察下层墙体套筒钢筋与本层预制墙体套筒位置，并进行微调，套筒位置与地面预埋钢筋位置对准后，将墙板缓缓下降，使之平稳就位（图 2-6）。

（6）外墙板临时固定：采用可调节斜支撑螺杆将墙板进行固定。先将支撑托板安装在预制墙板上，吊装完成后将斜支撑螺杆拉结在墙板和楼面的预埋铁件上。预制墙体构件安装采用临时支撑应符合下列规定：

1）每个预制构件的临时支撑不应少于 4 道。

2）对预制墙板的上部斜支撑，其支撑点距离板底的距离不宜小于板高的 2/3，且不应小于板高的 1/2（图 2-7、图 2-8）。

图 2-6　套筒钢筋位置校验

（7）临时支撑拆除：灌浆材料充填操作结束后 12h 内不得施加有害的振动、冲击等影响，对横向构件连接部位混凝土的浇灌也应在 1d 后进行。灌浆料抗压强度达到设计强度要求后方可拆除临时固定措施。

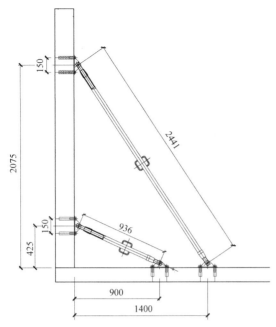

图 2-7　预制墙体斜支撑临时固定示意图 　　　　　图 2-8　安装斜支撑

**8. 预制墙体校正**

（1）预制墙体位置调整：利用预制墙体位置调整工具对预制墙体墙身位置进行调整，调整后用短钢管斜撑调节杆，对墙板根部进行固定（图 2-9、图 2-10）。

（2）预制墙体垂直度调整：利用线坠或靠尺对墙体垂直度进行调整，调整后用长钢管斜撑调节杆，对墙板顶部进行固定（图 2-11）。

图 2-9　位置调整 1　　　　　图 2-10　位置调整 2　　　　　图 2-11　垂直度调整

# 第二节　预制楼梯安装

## 一、工艺流程

基层清理→划出控制线→楼梯上下口铺 2cm 砂浆找平层→复核→楼梯板起吊→楼梯板就位→校正→灌浆→隐检→验收。

## 二、操作要点

### 1. 吊装前准备

（1）预埋连接钢筋：在楼梯现浇梯梁浇筑时，应按照图纸要求预埋连接钢筋（图 2-12）。

（2）楼梯控制线：楼梯控制采用"三线控制法"（三线即标高位置线、内外控制线、左右位置线），在吊装楼梯前用内控点引出三条线来控制楼梯位置（图 2-13）。

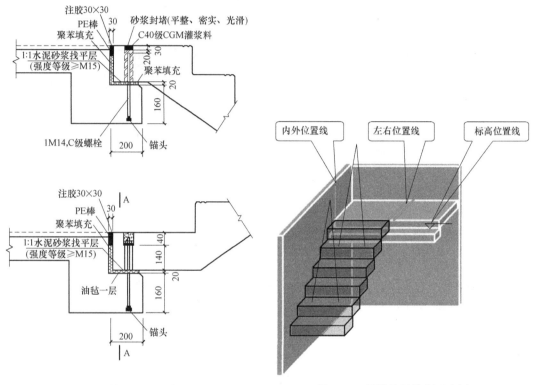

图 2-12　梯梁预埋连接示意图　　　　　图 2-13　楼梯位置控制示意图

2. 在梯段上下口梯梁处铺 2cm 厚 M10 水泥砂浆找平层，找平层标高要控制准确。M10 水泥砂浆采用成品干拌砂浆。

3. 弹出楼梯安装控制线，对控制线及标高进行复核，控制安装标高。楼梯侧面距结构墙体预留 2cm 空隙，为保温砂浆抹灰层预留空间。

4. 起吊：预制楼梯梯段采用水平吊装，吊装时应使踏步平面呈水平状态，便于就位。将吊装连接件用螺栓与楼梯板预埋的内螺纹连接，以便钢丝绳吊具及倒链连接吊装。楼梯板起吊前，检查吊环，用卡环销紧（图 2-14）。

5. 楼梯就位：就位时楼梯板要从上垂直向下安装，在作业层上空 30cm 左右处略作停顿，施工人员手扶楼梯板调整方向，将楼梯板的边线与梯梁上的安放位置线对准，放下时要停稳慢放，严禁猛放，以避免冲击力过大造成板面震折裂缝（图 2-15）。

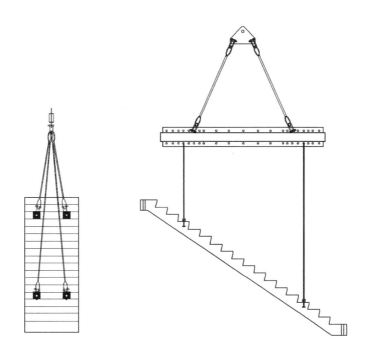

图 2-14 预制楼梯吊装示意图

图 2-15 预制楼梯吊装

6. 校正：基本就位后再用撬棍微调楼梯板，直到位置正确，搁置平实。安装楼梯板时，应特别注意标高正确，校正后再脱钩。

## 第三节　预制楼梯隔墙安装

### 一、工艺流程

基层清理→划出控制线→复核→楼梯隔墙板起吊→楼梯隔墙板就位→校正→临时固定→待上层楼梯吊装完毕→永久固定→隐检→验收。

### 二、操作要点

**1. 吊装前准备**

（1）预制楼梯隔板用连接铁件、螺栓准备就位。

（2）临时固定用具准备就位，调整用工具准备就位。

（3）上层非承受楼梯隔板重量的一跑楼梯就位调整完毕。

（4）吊装安全确认，根据吊装安全方案，逐项检查吊具、吊索、卡环等各种吊装用具。

**2. 吊装就位**

（1）严格按照吊装安全方案进行吊装，必须进行试吊。

（2）安装顺序：先安装下面一块预制楼梯隔板，再安装上面一块预制楼梯隔板。

（3）预制楼梯隔板起吊时需要从平放状态吊至竖直状态才能吊起。此过程中预制楼梯隔板下端容易因起吊受力不均，导致缺楞掉角，因此，在预制楼梯隔板起吊过程中预制楼梯隔板下端必须支垫 100×100 木方。

（4）预制楼梯隔板必须使用吊装钢梁及专用吊索进行吊装，第一确保安全，第二确保预制楼梯隔板准确就位。

（5）预制楼梯隔板吊至安装位置上空 50cm 时由 2 名工人初次调整预制楼梯隔板位置，位置正确后继续下降至安装位置上空 10cm 时，观察预制楼梯凹槽与预制隔板凸槽位置，各方向误差小于 1cm 时继续下降，在预制隔板就位瞬间进行最后微调。

（6）与本层楼梯固定的连接铁件安装就位后，临时固定，落钩，拆钩，继续安装下一块预制楼梯隔板或上层另一跑楼梯。

（7）上层楼梯吊装就位调试完毕后，利用与上一层楼梯连接的铁件，将预制楼梯隔板进行固定。

（8）安装隔板与隔板连接铁件（图 2-16～图 2-20）。

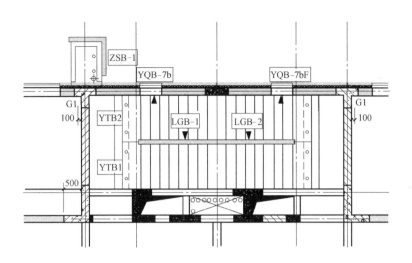

图 2-16　楼梯隔板安装示意图

图 2-17　安装第一块隔墙板

图 2-18　吊装第二块隔墙板

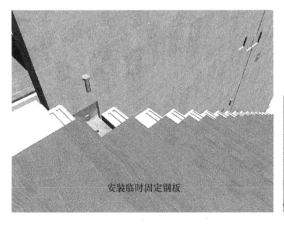

图 2-19　安装临时固定钢板

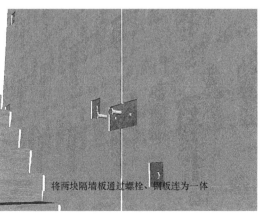

图 2-20　连接铁件

# 第四节　预制阳台分户板安装

## 一、工艺流程

前期准备工作→挂钩→吊装就位→调整→摘钩→验收。

## 二、操作要点

**1. 吊装前准备**

(1) 预制阳台分户板用连接铁件准备就位。

(2) 底部 U 型件定位焊接完毕。

(3) 临时固定用具准备就位。

(4) 临时顶托阳台分户板用木楔准备就位。

(5) 顶托阳台分户板用垫片准备就位。

(6) 上层阳台具备吊装条件。

(7) 吊装安全确认，根据吊装安全方案，逐项检查吊具、吊索、卡环等各种吊装用具。

**2. 吊装就位**

(1) 严格按照吊装安全方案进行吊装，必须进行试吊。

(2) 起吊注意事项同预制楼梯隔墙板。

(3) 预制阳台分户板也必须使用吊装钢梁及专用吊索进行吊装，确保安全与准确就位。

(4) 预制阳台分户板吊至安装位置上空 50cm 时由 2 名工人调整预制阳台分户板位置，正确后，缓缓落入 U 型件中，临时固定，落钩，拆钩。

(5) 待上层阳台安装了其中的一侧后，将上部连接铁件拧入，再吊装上层阳台的另外一块。

(6) 上层阳台全部就位并调整完毕后，使用木楔将阳台分户板顶起，上部贴紧上层阳台底部。

(7) 将顶托阳台分户板用的垫片缠好，打入 U 型件中间。

(8) 将 U 型件与预制阳台分户板底侧面预留的钢板焊接。

(9) 灌浆料抗压强度达到设计强度要求后方可拆除临时固定措施。

**3. 调整**

(1) 位置调整：依靠前期定位焊接的 U 型件卡死，无需调整。

(2) 垂直调整：上部阳台吊装就位调整完毕后，阳台分户板上部连接件仍有较大移动空间，阳台隔板垂直调整完毕后需与阳台上桁架筋连接焊死。垂直度允许误差不＞5mm。

# 第五节 预制 PCF 板安装

## 一、工艺流程

基层清理→测量放线→标高调整→临时固定工具及其他工器具就位→吊装就位→调整。

## 二、操作要点

### 1. 吊装前准备

（1）PCF 板吊装前，使用水准仪和塔尺调整螺母高度进行抄平，两端各设置一组。

（2）临时固定用连接铁件及螺栓准备就位。

（3）模板准备就位。

（4）其他位置预制墙体吊装就位调整完毕。

（5）该部位墙体钢筋绑扎并经监理验收完毕。

（6）确认吊装安全。

### 2. 吊装就位

（1）严格按照吊装安全方案进行吊装，必须进行试吊。

（2）PCF 板属于竖向构件，吊装方法同墙体吊装。

（3）吊至距就位位置上空 50cm 时，由 3 名工人调整墙体位置；继续下落至距就位位置上空 20cm，缓缓下降至调平螺母之上。

（4）使用临时连接铁件将 PCF 板上端与两侧预制外墙临时固定（图 2-21）。

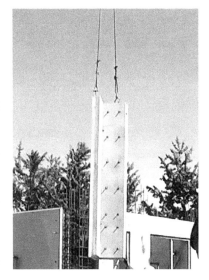

图 2-21 PCF 板吊装

### 3. 调整

吊装模板，将 PCF 板固定并校准好位置及垂直后，去除临时固定。

# 第六节 预制叠合板安装

## 一、工艺流程

基层清理→测量放线→独立支撑安装→圈边龙骨安装调整 →叠合板吊装就

位→叠合板调整→叠合板拼缝模板支设→机电管线敷设→叠合层钢筋绑扎及埋件安装→叠合层混凝土浇筑→拼缝模板及板底支撑拆除。

## 二、操作要点

### 1. 安装准备

（1）叠合板采用专用工具式独立支撑体系。独立支撑的安装位置与数量通过对叠合板恒荷载、活荷载、杆件稳定性、承载力及叠合板支撑铝合金组合梁等计算分析确定。吊装叠合板前，根据平面布置图对独立支撑安放位置进行放线定位，独立支撑安放时要严格按照方案布置，避免在吊装后及后续工序中出现叠合板变形和裂缝（图2-22）。

图2-22　独立支撑布置示意图

（2）安装叠合板部位的墙体，在预制墙板上安装圈边龙骨，刀把型10×10木方制作，浇筑混凝土前调整好标高位置，保证此部位混凝土的标高及平整度（图2-23）。

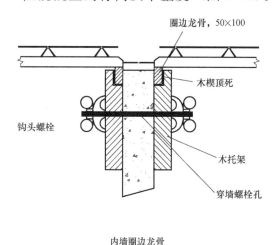

内墙圈边龙骨

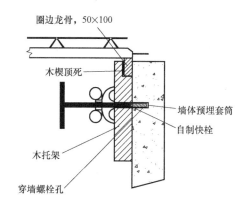

预制外墙圈边龙骨

图2-23　圈边龙骨安装示意图

### 2. 叠合板吊装

（1）由于叠合板较薄，在运输、存放、吊装过程中比较容易出现裂缝，所以在吊装中采用专用吊装钢梁，并保证钢梁吊装点与叠合板吊装点对号入位，使吊绳与叠合板吊点位置垂直，确保叠合板受力平衡（图2-24）。

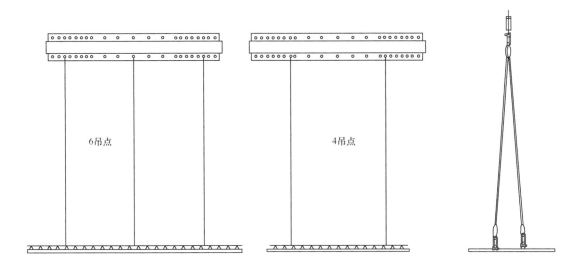

图 2-24　叠合板吊装示意

（2）起吊时要先试吊，先吊起距地 50cm 处停止，检查钢丝绳、吊钩的受力情况，使叠合板保持水平，然后吊至作业层上空。

（3）就位时叠合板要从上垂直向下安装，在作业层上空 20cm 处略作停顿，施工人员手扶楼板调整方向，将板的边线与墙上的安放位置线对准，注意避免叠合板上的预留钢筋与墙体钢筋打架，放下时要停稳慢放，严禁猛放，以避免冲击力过大造成板面震折裂缝。

**3. 叠合板位置控制**

（1）房间进深方向叠合板间距控制：以平面位置线为基准，在已固定好的圈边龙骨上画出叠合板在房间进深方向的位置线，利用位置线控制叠合板位置与间距（图 2-25、图 2-26）。

图 2-25　叠合板位置控制线

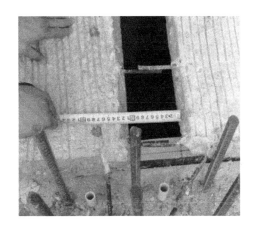

图 2-26　叠合板间距控制线

（2）房间开间、进深方向叠合板入墙位置控制：在圈边龙骨上测弹出入墙位置线，通过入墙位置线控制叠合板入墙位置（图 2-27、图 2-28）。

图 2-27　叠合板吊装　　　　　　　图 2-28　叠合板入墙位置控制

（3）叠合板标高控制：利用建筑 1m 线，通过独立支撑体系调整叠合板标高。

**4. 叠合板独立支撑拆除**

叠合层混凝土强度达到设计要求时，方可拆除底模及支撑。拆除模板时，不应对楼层形成冲击荷载。拆除的模板和支架宜分散堆放并及时清运。多个楼层间连续支模的底层支架拆除时间，应根据连续支模的楼层间荷载分配和混凝土强度的增长情况确定。

# 第七节　预制悬挑板安装

## 一、工艺流程

基层清理→测量放线→支撑安装→试吊→悬挑板吊装就位→悬挑板位置调整→摘钩。

## 二、操作要点

**1. 安装准备**

（1）悬挑板台板安装前搭设支撑用钢管脚手架，标高采用可调 U 托进行调节。

（2）检查确定悬挑板型号，确定安装位置。

**2. 悬挑板的安装**

（1）将钢丝绳穿入预制板上面的四个预埋吊环内，确认连接紧固后，缓慢起吊。

（2）塔吊缓缓将预制悬挑板吊起，待板的底边升至距地面 50cm 时略作停顿，再次检查吊挂是否牢固、板面有无污染破损，若有问题必须立即处理。确认无误后，继续提升使之慢慢靠近安装作业面。

（3）就位：待预制悬挑板靠近作业面上空 30cm 处时略作停顿，施工人员手扶悬挑板调整方向，将板的边线与墙上的安放位置线对准，缓缓放下就位，用 U 托进行标高调整。预制悬挑板吊装采用"四点一平一尺"法（即墙面两点、构件两点；构件找平，构件外伸长度），安装时采用斜面安装，即一端先落地对正，再对正另一端（图 2-29）。

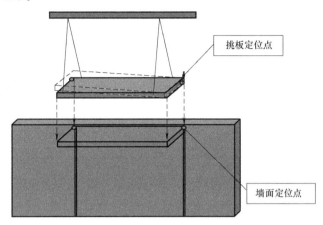

图 2-29　预制构架吊装示意图

（4）预制悬挑板吊装就位后可用手动葫芦控制悬挑板外伸长度，并测量定位位置，确保安装精度（图 2-30）。

图 2-30　预制悬挑板校正

（5）预制悬挑板安装完毕后，进行悬挑板上部负弯矩钢筋的绑扎，随后进行叠合层钢筋的绑扎。

（6）钢筋隐检完毕进行混凝土浇筑。

（7）预制悬挑板混凝土强度达到设计要求后，方可拆除底模及支撑。

# 第三章 钢筋连接套筒灌浆施工

## 第一节 工 艺 流 程

套筒灌浆准备→灌浆料制备→灌浆料检验→灌浆料灌注→灌注后的保护。

## 第二节 操 作 要 点

1. 套筒灌浆连接施工应采用匹配的灌浆套筒和灌浆料。灌浆套筒和灌浆料应在检验合格后方可使用。使用过程中，如果更换灌浆套筒和灌浆料，应重新进行接头形式检验。

2. 套筒灌浆前应编制专项施工方案并进行专项技术交底，灌浆操作人员需取得培训证书后才能进行现场灌浆。

3. 灌浆可采用人工、机械两种方式。机械灌浆的灌浆压力、灌浆速度可根据现场施工条件确定，灌浆压力一般为 0.5～1.2MPa。

**4. 套筒灌浆准备**

（1）分仓

采用电动灌浆泵灌浆，一般单仓长度不超过 1.5m。大面积施工前应进行试验。仓体越大，灌浆阻力越大，灌浆压力越大，灌浆时间越长，对封缝的要求越高，灌浆不满的风险越大。

分仓后在构件对应位置做出分仓标记，记录分仓灌满时间，便于指导灌浆。

分仓材料多采用专用坐浆料，浆料 28d 标养试件抗压强度高于预制墙体混凝土抗压强度 10MPa 以上，且不能低于 40MPa。

（2）灌浆区域内外墙封堵

封堵前检查预制墙体与混凝土接触面，应无灰渣、无油污、无杂物；灌浆孔与出浆口通透。

当采用连通灌浆时，预制内墙四边需要用浆料进行封堵，封堵浆料占用墙体的面积之和不大于设计允许面积；预制外墙外侧需要用专用材料进行封堵（一般为橡塑棉），其余三侧用浆料进行封堵。确认封堵浆料强度达到要求后再进行灌浆（图 3-1、图 3-2）。

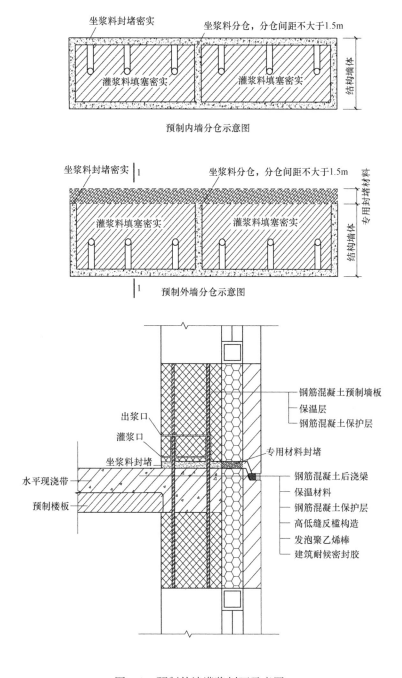

图 3-1 预制外墙灌浆剖面示意图

## 5. 灌浆料制备

（1）灌浆料应储存在通风、干燥、阴凉处，应注意避免阳光长时间照射或受潮。

（2）打开包装袋，检查灌浆料外观，无受潮结块等异常后方可使用。

（3）拌合用水应采用饮用水，使用其他水源时，应符合《混凝土拌合用水标准》JGJ 63 的规定。混合物的温度宜为 10～30℃，当环境温度低于 5℃或高于 40℃时，可采用热水或冷水掺入，调节水温，拌合用水现取现用。

（4）夏季制浆拌合水应避免阳光长时间照射，温度应控制在20℃以下。

（5）搅拌设备和灌浆泵应存放于阴凉处，使用前用水降温湿润。

（6）拌合器具：①测温仪；②电子秤和刻度杯；③不锈钢制浆桶、水桶；④手提变速搅拌机；⑤灌浆枪或灌浆泵（图3-3）。

（7）灌浆料需按产品质量文件（说明书、出厂检验报告等）注明的加水率（加水重量/干料重量×100％）进行拌制。

图 3-2 预制墙体封边

图 3-3 拌合器具图

（8）搅拌机、灌浆泵就位后，首先将全部拌合水加入搅拌桶中，然后加入约70％的灌浆干粉料，搅拌至大致均匀（约1～2min），最后将剩余干料全部加入，再搅拌3～4min至浆体均匀。搅拌均匀后，静置约2min排气，然后注入灌浆泵（或灌浆枪）中进行灌浆作业。灌浆作业前，检测初始流动度。灌浆料自加水算起应在30min内用完。灌浆过程不得加水（图3-4、图3-5）。

图 3-4 刻度杯量取水

图 3-5 灌浆料搅拌

**6. 灌浆料检验**

流动度检验：每工作班应检查灌浆料拌合物初始流动度不少于1次，指标应符合表3-1要求。

灌浆料拌合物工作性能要求　　　　　　　　　　　　　　表3-1

| 项　　目 | | 工作性能要求 |
| --- | --- | --- |
| 流动度(mm) | 初始 | ≥300 |
| | 30min | ≥260 |
| 泌水性(%) | | 0 |

强度检验：强度检验试件的留置数量应符合验收及施工控制要求。每工作班组留置试块不少于1组，每组3块40mm×40mm×160mm试件，每层不得少于3组。

抗拉强度检测：灌浆过程中，同一规格的灌浆套筒连接接头每500个制作3个相同灌浆工艺的平行试件进行抗拉强度检测，检测结果应符合Ⅰ级接头要求。灌浆套筒接头由预制构件厂提供。

检验工具：①截锥试模；②玻璃板（500mm×500mm）；③钢板尺（或卷尺）（图3-6）。

截锥试模　　　　　　　现场流动度检测　　　　　强度试件、平行试件

图3-6　检验工具

**7. 灌注**

（1）在正式灌浆前，逐个检查各接头的灌浆孔和出浆孔内有无影响浆料流动的杂物，确保孔路畅通。

（2）灌浆料通常在5～30℃之间使用，但应避开夏季一天内温度过高时间、冬季一天内温度过低时间，保证灌浆料现场操作流动性，延长灌浆有效操作时间。灌浆料初凝时间约为15min，夏季灌浆料操作应在上午十点之前、下午三点之后进行，并且保证灌浆料及灌浆器具不受太阳光直射，在灌浆操作前，可将与灌浆料接触的构件洒水降温，改善由于构件表面温度过高、构件过于干燥的问题，并保证在最快时间内完成灌浆；冬季灌浆操作应在室外温度高于5℃时方可进行。当养护温度低于 10℃时，要采取加热保温措施。夏季照射预制构件表面温度远高于大气温度，当表面温度高于 35℃时，应预先采取降温措施。

（3）灌注施工，由灌浆孔（下口）逐渐充填灌浆料，浆料先填充至底座，再从出浆孔（上口）溢出，溢出后及时用橡胶塞封堵出浆口，直至所有的出浆口全部溢出浆料视为灌浆完毕。当同一分仓段内有多个注浆口时，应从中间注浆口灌注（图 3-7）。

图 3-7 注浆

（4）对于较长长度的墙体（大于 1.5m）应进行分仓操作，防止出现因注浆长度过长造成的注浆不饱满的情况；同一仓只能在一个灌浆孔灌浆，不能同时选择两个以上孔灌浆；同一仓应连续灌浆，不得中途停顿。如果中途停顿，再次灌浆时，应保证已灌入的浆料有足够的流动性，还需要将已经封堵的出浆孔打开，待灌浆料再次流出后逐个封堵出浆孔。

（5）接头灌浆时，待接头上方的排浆孔流出浆料后，及时用专用橡胶塞封堵。灌浆泵（枪）口撤离灌浆孔时，也应立即封堵。

（6）通过水平缝连通腔一次向构件的多个接头灌浆时，应按浆料排出先后依次封堵灌浆排浆孔，封堵时灌浆泵（枪）一直保持灌浆持续，直至所有灌排浆孔出浆并封堵牢固后再停止灌浆。同一分仓区域只能从一个灌浆孔灌浆。

（7）在灌浆完成、浆料凝结前，应巡视检查已灌浆的接头，如有漏浆及时处理。

（8）散落的灌浆料拌合物不得二次使用；剩余的拌合物不得再次添加浆料、水后混合使用。

（9）当灌浆施工出现无法出浆的情况时，应查明原因。对于未密实饱满的竖向连接灌浆套筒，在灌浆料加水拌合 30min 内时，应首选在灌浆孔补灌；当灌浆料拌合物已无法流动时，可从出浆孔补灌，并应采用手动设备结合细管压力灌浆。补灌应在灌浆料拌合物达到设计规定的位置后停止，并应在灌浆料凝固后再次检查其位置是否符合设计要求。

（10）灌浆完毕后立即清洗搅拌机、搅拌桶、灌浆筒等器具，以免灌浆料凝固，损坏机器。

（11）接头灌浆料凝固后，检查灌浆口、出浆孔处，凝固的灌浆料上表面应高于套筒外径上缘。若不满足要求应联系注浆料厂家，采取后注浆方式进行补救。

（12）灌浆操作全过程中应有专职人员负责旁站监督，留存影像资料并及时形成施工质量检查记录。

**8. 灌浆后的保护**

灌浆材料充填操作结束后 12h 内不得施加有害的振动、冲击等影响，对横向构件连接部位混凝土的浇灌也应在 1d 后进行。灌浆料同条件养护试件抗压强度达到 35N/mm$^2$ 后，方可进行对接头有扰动的后续施工。临时固定措施的拆除应在灌浆料抗压强度能确保结构达到后续施工承载要求后进行。

# 第四章　现浇节点施工

## 第一节　钢 筋 工 程

竖向构件间现浇节点的钢筋绑扎必须在灌浆工作完成后且灌浆料同条件试块达到 35MPa 后进行。

竖向与水平构件间现浇节点的钢筋绑扎不许在预制叠合板、预制悬挑板安装调整完毕，圈边龙骨安装调整完毕后进行。

水平构件间现浇节点的钢筋绑扎必须在预制叠合板安装调整完毕，板带模板支设固定调整完毕后进行。

### 一、竖向构件间现浇节点钢筋施工

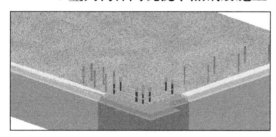

图 4-1　安放起步箍

依据图纸要求，先安放起步箍筋；

安装两侧预制墙体，依照工序完成坐浆和灌浆工作；

安放现浇节点内的箍筋；

连接纵向受力钢筋，调整纵向受力钢筋和箍筋的位置，绑扎钢筋。

钢筋绑扎工艺如图 4-1～图 4-4 所示。

图 4-2　安装两侧墙体

图 4-3　安放节点内箍筋

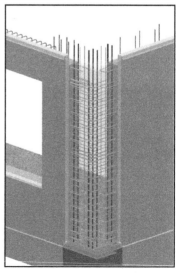

图 4-4　纵筋连接及钢筋绑扎

## 二、竖向与水平构件间现浇节点钢筋施工（图4-5）

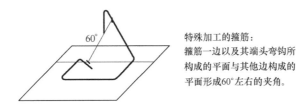

图 4-5　叠合梁截面钢筋构造示意图

先安装不影响穿纵向受力钢筋的箍筋，再穿入纵向受力钢筋，最后安装影响穿纵向受力钢筋的箍筋。后安装的箍筋需特殊加工，箍筋一边以及其端头弯钩所构成的平面与其他边构成的平面形成 60°左右的夹角。箍筋安装方式为绕入，安装就位后将边扳至同一平面。

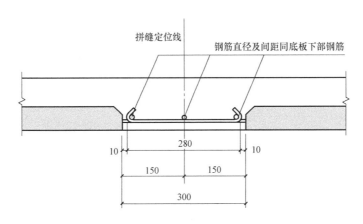

## 三、水平构件间现浇节点钢筋施工

钢筋绑扎工艺与现浇梁或板的钢筋绑扎工艺相同，根据图纸要求绑扎钢筋（图 4-6）。

图 4-6　水平构件间现浇节点（板带）钢筋安装顺序

# 第二节 模板工程

## 一、竖向构件间现浇节点模板施工

### 1. 模板设计

模板在设计加工时，在现浇节点模板两侧增加防漏浆的板条，板条尺寸为80mm×8mm（宽×厚），其中板条内侧加工成45°斜角，便于拆模。板条与模板面板通过螺丝连接（图4-7）。

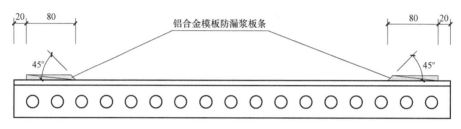

图4-7 模板防漏浆板条示意图

### 2. 模板安装

模板安装完毕后，模板板条外侧30mm压在预制外墙企口上；内侧50mm处于现浇节点内。模板板条与预制构件预留企口相互咬合，防止混凝土浆料外漏。

### 3. 模板加固

模板安装完毕后，安装背楞，并使用穿墙螺栓通过预制构件预留的孔进行加固（图4-8）。

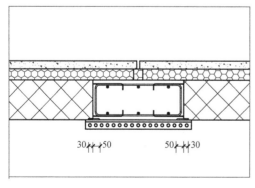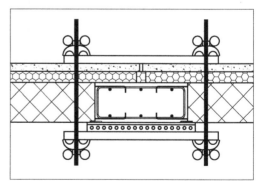

图4-8 模板加固示意图

## 二、竖向构件与水平构件间现浇节点模板施工

### 1. 圈边龙骨设计

圈边龙骨木托架采用100mm×100mm木方制作；

圈边龙骨采用 50mm×100mm 木方及多层板制作。

**2. 圈边龙骨安装**

使用穿墙螺栓固定木托架：内墙双侧固定，先穿入穿墙螺栓，再安放木托架并初步固定；外墙为单侧固定，穿墙螺栓连同木托架先拧入预制墙体预留的套筒，再初步固定木托架。

安放圈边龙骨，在叠合板安装完毕并调整完标高之后，最终调整固定圈边龙骨（图 4-9～图 4-13）。

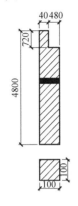

图 4-9　圈边龙骨木托架

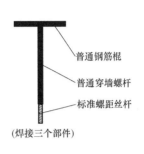

图 4-10　自制快栓

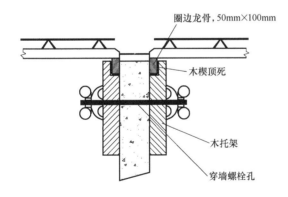

图 4-11　内墙圈边龙骨

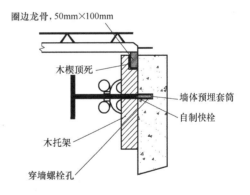

图 4-12　预制外墙圈边龙骨

图 4-13　圈边龙骨

### 三、水平构件间现浇节点模板施工

**1. 模板设计**

面板采用 15mm 厚多层板制作，龙骨采用 100mm×100mm 和 50mm×100mm 木方制作。

**2. 模板安装**

叠合板安装完毕并调整完标高之后，安装"板带"模板并使用独立支撑调整、固定（图 4-14～图 4-16）。

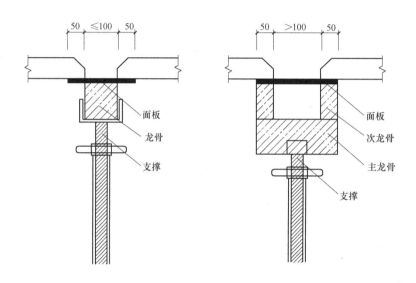

图 4-14　"板带"模板及支撑构造图

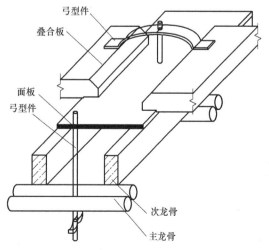

图 4-15　叠合板带吊模施工图

图 4-16　叠合板带吊模施工

### 四、预制 PCF 板部位现浇节点模板施工

**1. 模板设计**

内侧模板使用普通模板（木模、钢模、铝合金模板等），外侧利用 PCF 板当模板，PCF 板预留穿墙螺栓机。

**2. 模板安装**

PCF 板所在位置钢筋绑扎完毕之后，安装 PCF 板并绑扎相应钢筋；再安装内侧和洞口的模板。

**3. 模板固定**

普通模板和 PCF 板对应位置预留穿墙孔，使用穿墙螺栓加背楞将模板 PCF 夹紧固定。

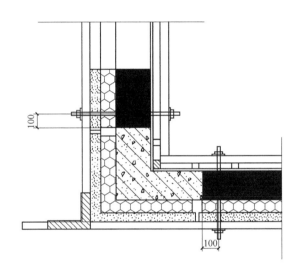

图 4-17　PCF 板模板及背楞构造图

## 第三节　混凝土工程

装配式剪力墙结构混凝土浇筑采用墙顶一起浇筑的方式，先浇筑预制构件竖向现浇节点，再浇筑少量竖向现浇墙体，最后浇筑叠合梁、板带及叠合板现浇层混凝土。

由于装配式剪力墙结构的现浇混凝土浇筑量较少，采用塔吊吊斗进行混凝土浇筑即可满足施工要求，利用塔吊吊斗浇筑混凝土，浇筑速度均匀，有利于分层浇筑及跟随振捣，确保混凝土浇筑质量。

根据规范要求严格控制竖向混凝土与水平混凝土的坍落度。

# 第五章 外墙防水

## 一、预制混凝土绝热夹芯板水平缝防水施工

### 1. 防水构造

在预制外墙板侧面设置企口，切断毛细水通路，利用水的重力作用排除雨水（图5-1）。

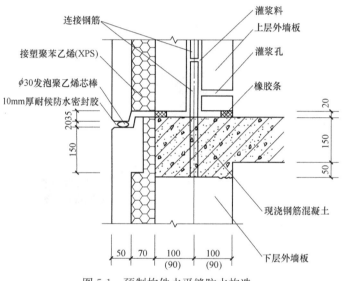

图 5-1 预制构件水平缝防水构造

### 2. 工艺流程

材料准备→基层处理→界面剂涂刷施工→结构胶施工→验收。

### 3. 操作要点

（1）材料准备

使用密封材料嵌入板缝，阻止雨水浸入。建筑密封胶使用年限应不小于15年。

（2）基层处理

结构胶施工前需对外墙缝隙进行清理，去除缝内污染、杂物，修补缝隙边缘磕碰，预制外墙板与板平整度修理，缝隙宽度应在1.5～2cm之间。

（3）底涂施工

基层处理完成后，为加强结构胶与外墙结构的粘结力，先进行底涂施工，底涂材料为聚氨酯树脂合成橡胶，颜色为淡黄透明液体，将结构胶与外墙结构接触面涂刷均匀，在底涂涂刷后0.5～8h内进行结构胶施工，若超过此时间需重新涂刷（图5-2）。

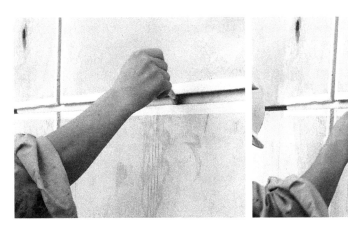

图 5-2　底涂施工

（4）结构胶施工

1）胶枪填充

搅拌好的密封胶使用刮刀和吸入式胶枪进行填充。注意填充的时候不可以混入空气（图 5-3）。

2）缝隙填充

充分加压使得密封胶到达施工缝隙的深部（即隔离材料的地方）的同时，保持一定的速度进行填充。

3）交叉缝隙

交叉缝隙以及边缘地区特别要注意，填充的时候要尽量做到不出现气泡。

4）平整密实处理

接缝施胶完毕后，用刮刀挤压接缝做平正密实处理。首先沿着胶枪填充方向以及反方向用刮刀按压一次，然后再往回压。如果要将胶枪中的材料取出来再使用，一定要保证里面没有掺杂灰尘等异物（图 5-4、图 5-5）。

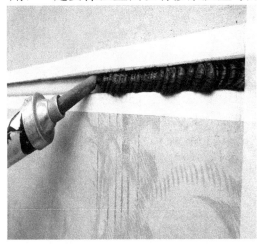
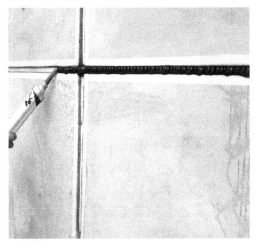

图 5-3　结构胶填充

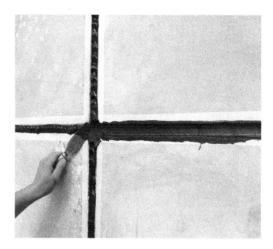

图 5-4 结构胶刮平

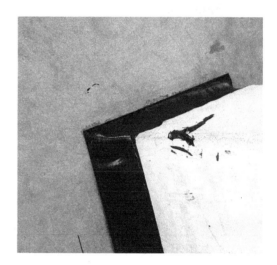

图 5-5 结构胶完成效果

## 二、预制外墙竖向拼缝导水施工

### 1. 构造防水

设空腔构造，使垂直缝防水材料内侧形成上下贯通的透气孔，并在顶层女儿墙设透气管，每三层外墙缝十字交叉处设置排水管引出空腔内积水。

### 2. 施工工艺

材料准备→基层处理→排水管安装→结构胶封堵→验收。

### 3. 操作要点

（1）排水管安装基本情况

排水管采用黑色，与外墙结构胶颜色一致，长度 5cm，内径 1cm，排水管安装角度与水平夹角在 20°以上，深入缝隙 4.5cm，外露 0.5cm。

（2）排水管内部安装

排水管安装前，将竖向缝隙内灌入结构胶，用刮刀将竖向缝隙刮成半 U 型槽，使得内部形成空腔，便于排出积水。

图 5-6　竖向缝隙内打胶　　图 5-7　缝隙内侧刮槽　　图 5-8　缝隙内侧安装完成情况

（3）排水管外部安装情况

外部用结构胶封堵，排水管伸出外墙板缝 0.5cm。

图 5-9　外部处理完成情况

# 第六章 施工质量标准

## 第一节 装配式结构工程

**1. 预制构件进场验收**

（1）主控项目

1）进入现场的预制构件产品质量应符合国家现行有关标准、规范的规定和设计要求。

检查数量：全数检查。

检验方法：检查质量证明文件或质量验收记录。

注：相关质量证明文件包括：预制构件出厂合格证、出厂检验用同条件养护试块强度检验报告、钢筋原材料检验报告、灌浆套筒型式检验报告、连接接头抗拉强度检验报告、拉接件抗拔性能检验报告、预制构件性能检验报告、钢筋套筒、灌浆料、防水密封材料等需提供质量证明文件和抽样检验报告等技术资料，未经验收或验收不合格的构件不得使用。

2）专业企业生产的预制构件进场时，预制构件结构性能检验应符合下列规定：

① 梁板类简支受弯预制构件进场时应进行结构性能检验，并应符合下列规定：

结构性能检验应符合国家现行有关标准的有关规定及设计的要求。

钢筋混凝土构件和允许出现裂缝的预应力混凝土构件应进行承载力、挠度和裂缝宽度检验；不允许出现裂缝的预应力混凝土构件应进行承载力、挠度和抗裂检验。

对大型构件及有可靠应用经验的构件，可只进行裂缝宽度、抗裂和挠度检验。

对使用数量较少的构件，当能提供可靠依据时，可不进行结构性能检验。

② 对其他预制构件，除设计有专门要求外，进场时可不做结构性能检验。

③ 对进场时不做结构性能检验的预制构件，应采取下列措施：

施工单位或监理单位代表应驻厂监督生产过程；

当无驻厂监督时，预制构件进场时应对预制构件主要受力钢筋数量、规格、间距、保护层厚度及混凝土强度等进行实体检验。

检验数量：同一类型预制构件不超过 1000 个为一批，每批随机抽取 1 个构件进行结构性能检验。

检验方法：检查结构性能检验报告或实体检验报告。

注："同类型"是指同一钢种、同一混凝土强度等级、同一生产工艺和同一结构形式。抽取预制构件时，宜从设计荷载最大、受力最不利或生产数量最多的预制构件中抽取。

3）预制构件的外观质量不应有严重缺陷，且不应有影响结构性能和安装、使用功能的尺寸偏差。外观质量严重缺陷的判断依据《混凝土结构工程施工质量验收规范》GB 50204 及国家现行有关标准、规范的规定。

检查数量：全数检查。

检验方法：观察，尺量；检查处理记录。

注：如果出现缺陷，有影响结构性能和安装、使用功能的尺寸偏差，应不得使用。如需要修理使用的，必须经设计单位认可，设计单位编制处理方案且经过监理单位确认后，由原构件专业生产企业按技术处理方案进行处理，修理完成后应重新验收。

4）预制构件上的预埋件、预留插筋、预埋管线及预留孔洞等的材料质量、规格和数量以及预留孔、预留洞的数量应符合设计要求。

检查数值：全数检查。

检验方法：观察；检查处理记录。

注：如果预制构件上的预埋件、预留插筋、预埋管线及预留孔洞等的材料质量、规格和数量以及预留孔、预留洞的数量有问题时，应与设计单位协商处理，如需要修理使用的，必须经设计单位认可，设计单位编制处理方案且经过监理单位确认后，由原构件专业生产企业按技术处理方案进行处理，修理完成后应重新验收。如设计单位不同意处理，应退场报废处理。

5）预制构件应对钢筋灌浆套筒的预留位置、套筒内杂质、注浆孔通透性等进行检验。

检查数量：全数检查。

检查方法：观察检查。

（2）一般项目

1）预制构件应有标识。

检查数量：全数检查。

检验方法：观察。

注：标识应设置在构件明显部位，应清晰可靠，方便识别可追溯。标识内容应包括生产单位名称、使用项目名称、构件型号、生产日期、质量验收标志、监理验收标志、安装方向等。

2）预制构件的外观质量不应有一般缺陷。

检查数量：全数检查。

检验方法：观察，检查处理记录。

注：如果出现缺陷，有影响结构性能和安装、使用功能的尺寸偏差，应不得使用。如需要修理使用的，必须经设计单位认可，设计单位编制处理方案且经过监理单位确认后，由原构件专业生产企业按技术处理方案进行处理，修理完成后应重新验收。

3）预制构件的尺寸偏差及检验方法应符合下表的规定；设计有专门规定时，尚应符合设计要求。

检查数量：同一类型的构件，不超过 100 件为一批，每批应抽查构件数量的 5%，且不应少于 3 件。

| 项目 | | | 允许偏差（mm） | 检验方法 |
|---|---|---|---|---|
| 长度 | 楼板、梁、柱、桁架 | ＜12m | ±5 | 尺量 |
| | | ≥12m且＜18m | ±10 | |
| | | ≥18m | ±20 | |
| | 墙板 | | ±4 | |
| 宽度、高（厚）度 | 楼板、梁、柱、桁架 | | ±5 | 尺量一端及中部,取其中偏差绝对值较大处 |
| | 墙板 | | ±3 | |
| 表面平整度 | 楼板、梁、柱、墙板内表面 | | 5 | 2m靠尺和塞尺测量 |
| | 墙板外表面 | | 3 | |
| 侧向弯曲 | 楼板、梁、柱 | | L/750且≤20 | 拉线、直尺测量最大侧向弯曲处 |
| | 墙板、桁架 | | L/1000且≤20 | |
| 翘曲 | 楼板 | | L/750 | 调平尺在两端量测 |
| | 墙板 | | L/1000 | |
| 对角线差 | 楼板 | | 10 | 尺量两个对角线 |
| | 墙板、门窗口 | | 5 | |
| 挠度变形 | 梁、楼板、桁架设计起拱 | | ±10 | 拉线、钢尺量最大弯曲处 |
| | 梁、楼板、桁架下垂 | | 0 | |
| 预留孔 | 中心线位置 | | 5 | 尺量 |
| | 孔尺寸 | | ±5 | |
| 预留洞 | 中心线位置 | | 10 | 尺量 |
| | 洞口尺寸、深度 | | ±10 | |
| 门窗口 | 中心线位置 | | 5 | 尺量 |
| | 宽度、高度 | | ±3 | |
| 预埋件 | 预埋板中心线位置 | | 5 | 尺量 |
| | 预埋板与混凝土面平面高差 | | 0,−5 | |
| | 预埋螺栓中心线位置 | | 2 | |
| | 预埋螺栓外露长度 | | +10,−5 | |
| | 预埋套筒、螺母中心线位置 | | 2 | |
| | 预埋套筒、螺母与混凝土面平面高差 | | ±5 | |
| | 线管、电盒、木砖、吊环在构件平面的中心线位置偏差 | | 20 | |
| | 线管、电盒、木砖、吊环与构件表面混凝土高差 | | 0,−10 | |
| 预留插筋 | 中心线位置 | | 3 | 尺量 |
| | 外露长度 | | +5,−5 | |
| 键槽 | 中心线位置 | | 5 | 尺量 |
| | 长度、宽度 | | ±5 | |
| | 深度 | | ±5 | |

注：1 L为构件最长边的长度（mm）；
  2 检查中心线、螺栓和孔道位置偏差时,应沿纵横两个方向量测,并取其中偏差较大值。

4）预制构件的粗糙面的质量及键槽的数量应符合设计要求。

检查数量：全数检查。

检验方法：观察。

注：预制构件与后浇混凝土结合的界面称为结合面,具体可为粗糙面或设置键槽两种形式。

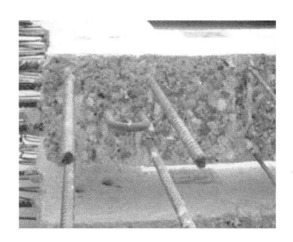

**2. 预制构件安装与连接验收**

（1）主控项目

1）预制构件临时固定措施的安装质量应符合施工方案的要求。

检查数量：全数检查。

检验方法：观察。

2）钢筋采用套筒灌浆连接时，灌浆应饱满、密实，其材料及连接质量应符合国家现行行业标准《钢筋套筒灌浆连接应用技术规程》JGJ 355 的规定。

检查数量；按国家现行行业标准《钢筋套筒灌浆连接应用技术规程》JGJ 355 的规定确定。

检验方法：检查质量证明文件、灌浆记录及相关检验报告。

3）钢筋采用套筒灌浆连接及浆锚搭接连接用的灌浆料强度应满足设计要求

检查数量：按批检验，以每层为一检验批；每工作班应制作一组且每层不少于 3 组 40mm×40mm×160mm 的长方体试件，标准养护 28d 后进行抗压强度试验。

检查方法：检查灌浆料强度实验报告及评定记录。

注：根据《钢筋套筒灌浆连接应用技术规程》JGJ 355 的规定，应用套筒灌浆连接时，应由接头提供单位提交所有规格接头的有效型式检验报告。灌浆料进场时，应对灌浆料拌合物进行检验。灌浆施工前，应对不同钢筋生产企业的进场钢筋进行接头工艺检验。

4）剪力墙底部接缝处坐浆强度应满足设计要求

检查数量：按批检验，以每层为一检验批；每工作班应制作一组且每层不小于边长为 70.7mm 的立方体试件，标准养护 28d 后进行抗压强度试验。

检查方法：检查坐浆料强度实验报告及评定记录。

5）装配式结构施工后，其外观质量不应有严重缺陷，且不应有影响结构性能和安装、使用功能的尺寸偏差。

检查数量：全数检查。

检验方法：观察，量测；检查处理记录。

（2）一般项目

1）装配式结构施工后，其外观质量不应有一般缺陷。

检查数量：全数检查。

检验方法：观察，检查处理记录。

2）装配式结构施工后，预制构件位置、尺寸偏差及检验方法应符合设计要求；当设计无具体要求时，应符合下表的规定。预制构件与现浇结构连接部位的表面平整度应符合下表的规定。

| 项目 | | | 允许偏差(mm) | 检验方法 |
|---|---|---|---|---|
| 构件中心线对轴线位置 | 基础 | | 15 | 经纬仪及尺量 |
| | 竖向构件(柱、墙板、桁架) | | 8 | |
| | 水平构件(梁、楼板) | | 5 | |
| 标高 | 梁、柱、墙板、楼板底面或顶面 | | ±5 | 水准仪或拉线、尺量 |
| 构件垂直度 | 柱、墙板安装后的高度 | <5m | 5 | 经纬仪、全站仪量测或吊线、尺量 |
| | | ≥5m 且<10m | 10 | |
| | | ≥10m | 20 | |
| 构件倾斜度 | 梁、桁架 | | 5 | 经纬仪或吊线、尺量 |
| 相邻构件平整度 | 板端面 | | 5 | 2m靠尺和塞尺量测 |
| | 梁、楼板底面 | 外露 | 3 | |
| | | 不外露 | 5 | |
| | 柱、墙板侧面 | 外露 | 5 | |
| | | 不外露 | 8 | |
| 构件搁置长度 | 梁、板 | | ±10 | 尺量 |
| 支座、支垫中心位置 | 板、梁、柱、墙板、桁架 | | 10 | 尺量 |
| 墙板接缝 | 宽度 | | ±5 | 尺量 |
| | 中心线位置 | | | |

检查数量：按楼层、结构缝或施工段划分检验批。在同一检验批内，对梁、柱和独立基础，应抽查构件数量的10%，且不应少于3件；对墙和板，应按有代表性的自然间抽查10%，且不应少于3间；对大空间结构，墙可按相邻轴线间高度5m左右划分检查面，板可按纵、横轴线划分检查面，抽查10%，且均不应少于3面。

3）外墙板接缝的防水性能应符合设计要求

检查数量：按批检验。每1000m²外墙面积应划分为一个检验批，不足1000m²时也应划分为一个检验批；每个检验批每100m²应至少抽查一处，每处不得少于10m²。

检验方法：检查现场淋水试验报告。

注：现场淋水试验应满足：淋水量不应小于5L/(m·min)，淋水试验时间不应少于2h，检测区域不应有遗漏部位。淋水试验结束后检查背水面有无渗漏情况。

# 第二节 现浇结构工程

**1. 钢筋分项工程**

（1）主控项目

1）钢筋安装时，钢筋的品种、级别、规格和数量必须符合设计要求。

检查数量：全数检查。

检查方法：观察，钢尺检查。

2）预埋于现浇混凝土内钢筋套筒灌浆接头的预留钢筋应采用定型钢模具措施对其位置进行控制；应采用可靠的固定措施对预留连接钢筋外露长度进行控制。

检查数量：全数检查。

检查方法：观察。

3）与预制构件连接的定位钢筋、连接钢筋、桁架钢筋及预埋件等安装位置偏差必须符合表6-1的规定。

钢筋安装位置的允许偏差和检查方法 表6-1

| 项　　目 | | 允许偏差（mm） | 检验方法 |
|---|---|---|---|
| 定位钢筋 | 中心线位置 | 2 | 宜用定型模具整体检查 |
| | 长度 | 3,0 | 钢尺检查 |
| 安装预埋件 | 中心线位置 | 5 | 钢尺检查 |
| | 水平偏差 | 3,0 | 钢尺和塞尺检查 |
| 斜支撑预埋件 | 位置 | ±10 | 钢尺检查 |
| 桁架钢筋 | 高度 | 5,0 | 钢尺检查 |
| 连接钢筋 | 位置 | ±10 | 钢尺检查 |

检查数量：全数检查。

检查方法：观察，钢尺检查。

（2）一般项目

装配式混凝土结构中后浇混凝土中钢筋安装位置的偏差应符合表6-2的规定。

钢筋安装位置的允许偏差和检查方法 表6-2

| 项　　目 | | | 允许偏差（mm） | 检验方法 |
|---|---|---|---|---|
| 绑扎钢筋网 | 长、宽 | | ±10 | 钢尺检查 |
| | 网眼尺寸 | | ±20 | 钢尺量连续三档，取最大值 |
| 绑扎钢筋骨架 | 长 | | ±10 | 钢尺检查 |
| | 宽、高 | | ±5 | 钢尺检查 |
| 受力钢筋 | 间距 | | ±10 | 钢尺量两端、中间各一点，取最大值 |
| | 排距 | | ±5 | |
| | 保护层厚度 | 柱、梁 | ±5 | 钢尺检查 |
| | | 板、墙 | ±3 | 钢尺检查 |

续表

| 项　　目 | | 允许偏差(mm) | 检验方法 |
| --- | --- | --- | --- |
| 绑扎箍筋、横向钢筋间距 | | ±20 | 钢尺量连续三档,取最大值 |
| 钢筋弯起点位置 | | 20 | 钢尺检查 |
| 普通预埋件 | 中心线位置 | 5 | 钢尺检查 |
| | 水平偏差 | 3,0 | 钢尺和塞尺检查 |

注：1. 检查预埋件中心线位置时，应沿纵、横两个方向量测，并取其中最大值；
　　2. 表中梁类、板类构件上部纵向受力钢筋保护层厚度的合格点率应达到90%以上，且不得有超过1.5倍允许偏差；检查螺栓和孔道位置时，应由纵、横两个方向量测，并取其中的较大值。

检查数量：在同一检验批内，对梁和柱，应抽查构件数量的10%，且不少于3件；对墙和板，应按有代表性的自然间抽查10%，且不少于3间。

检查方法：用钢尺和拉线等辅助量具实测。

**2. 混凝土分项工程**

(1) 主控项目

1) 结构混凝土的强度等级必须符合设计要求。用于检查结构构件混凝土强度的试件，应在混凝土的浇筑地点随机抽取。取样与试件留置应符合下列规定：

① 每100m³的同配合比的混凝土，取样不得少于一次；

② 当一次连续浇筑超过1000m³时，同一配合比的混凝土每200m³取样不得少于一次；

③ 每一楼层、同一配合比的混凝土，取样不得少于一次；

④ 每次取样应至少留置一组标准养护试块，同条件养护试块的留置组数应根据实际需要确定。

检查方法：检查施工记录及试件强度试验报告。

2) 叠合构件的现浇层混凝土同条件立方体抗压强度达到混凝土设计强度等级值的75%后，方可拆除下一层支撑。

检查方法：检查施工记录及试件强度试验报告。

3) 混凝土运输、浇筑及间歇的全部时间不应超过混凝土的初凝时间。同一施工段的混凝土应连续浇筑，并应在底层混凝土初凝之前将上一层混凝土浇筑完毕。

检查数量：全数检查。

检查方法：观察，检查施工记录。

(2) 一般项目

1) 施工缝的位置应在混凝土浇筑前按设计要求和施工技术方案确定。施工缝的处理应按施工技术方案执行。

检查数量：全数检查。

检查方法：观察，检查施工记录。

2) 后浇带的留置位置应按设计要求及施工技术方案确定。后浇带混凝土浇筑应按施工技术方案进行。

　　检查数量：全数检查。

　　检查方法：观察，检查施工记录。

　　3）混凝土浇筑完毕后，应按施工技术方案及时采取有效的养护措施，并应符合下列规定：

　　① 应在浇筑完毕后的 12h 以内对混凝土加以覆盖并保湿养护；

　　② 混凝土浇水养护的时间不得少于 7d，对有抗渗要求的混凝土，不得少于 14d；

　　③ 浇水次数应能保持混凝土处于湿润状态；

　　④ 采用塑料布覆盖养护的混凝土，其敞露的全部表面应覆盖严密，并应保持塑料布内有凝结水；

　　⑤ 混凝土强度达到 $1.2N/mm^2$ 前，不得在其上踩踏或安装模板及支架。

　　检查数量：全数检查。

　　检查方法：观察，检查施工记录。

**3. 模板分项工程**

（1）主控项目

　　1）模板及支架用材料的技术指标符合国家现行有关标准的规定。进场时应抽样检验模板和支架材料的外观、规格和尺寸。

　　检查数量：按国家现行有关标准的规定确定。

　　检验方法：检查质量证明文件；观察，尺量。

　　2）现浇混凝土结构模板及支架的安装质量符合国家现行有关标准的规定和施工方案要求。

　　检查数量：按国家现行有关标准的规定确定。

　　检验方法：按国家现行有关标准的规定执行。

（2）一般项目

　　1）模板安装应符合下列规定：

　　① 模板接缝严密。

　　② 模板内不应有杂物、积水或冰雪等。

　　③ 模板与混凝土的接触面应平整、清洁。

　　检查数量：全数检查。

　　检查方法：观察。

　　2）隔离剂的品种和涂刷方法应符合施工方案的要求。

　　检查数量：全数检查。

　　检查方法：质量证明文件、观察。

　　3）模板起拱符合现行国家标准《混凝土结构施工规范》的规定，并符合设计和施工方案要求。

　　检查数量：全数检查。

　　检查方法：水准仪或尺量。

　　4）装配式结构模板安装的偏差应符合下表的规定

| 项　目 | | 允许偏差(mm) | 检验方法 |
|---|---|---|---|
| 轴线位置 | | 5 | 钢尺检查 |
| 底模上表面标高 | | ±5 | 水准仪或拉线、钢尺检查 |
| 截面内部尺寸 | 基础 | ±10 | 钢尺检查 |
| | 柱、墙、梁 | +4，-5 | 钢尺检查 |
| 层高垂直度 | 不大于5m | 6 | 经纬仪或吊线、钢尺检验 |
| | 大于5m | 8 | 经纬仪或吊线、钢尺检验 |
| 相邻两板表面平整度 | | 2 | 钢尺检查 |
| 表面平整度 | | 5 | 2m靠尺和塞尺检查 |

　　注：检查轴线位置时，应沿纵、横两个方向量测，并取其中的较大值。

　　5）当叠合层混凝土强度达到设计要求时，方可拆除底模及支撑；当设计无具体要求时，同条件养护试件的混凝土立方体试件抗压强度应符合下表的规定。

底模拆除时的混凝土强度要求

| 构件类型 | 构件跨度(m) | 达到设计混凝土强度等级值的百分率(%) |
|---|---|---|
| 板 | ≤2 | ≥50 |
| | >2，≤8 | ≥75 |
| | >8 | ≥100 |
| 梁、拱、壳 | ≤8 | ≥75 |
| | >8 | ≥100 |
| 悬臂结构 | | ≥100 |

　　6）拆除侧模时的混凝土强度应能保证其表面及棱角不受损伤。

# 第七章 安全生产知识

## 第一节 一般安全知识

1. 进入施工现场人员必须正确戴好合格的安全帽，系好下颚带，锁好带扣。

2. 作业时必须按规定正确使用个人防护用品，着装要整齐，严禁赤脚和穿拖鞋、高跟鞋进入施工现场。

3. 在没有可靠安全防护设施的高处（2m 以上，含 2m）和陡坡施工时，必须系好合格的安全带，安全带要系挂牢固，高挂低用，同时高处作业不得穿硬底和带钉易滑的鞋，穿防滑胶鞋。

4. 新进场的作业人员，必须首先参加入场安全教育培训，经考试合格后方可上岗，未经教育培训或考试不合格者，不得上岗作业。

5. 从事特种作业的人员，必须持证上岗，严禁无证操作，禁止操作与自己无关的机械设备。

6. 施工现场禁止吸烟，禁止追逐打闹，禁止酒后作业。

7. 施工现场的各种安全防护设施、安全标志等，未经领导及安全员批准严禁随意拆除和挪动。

8. 人员进出楼要走安全通道，不得随意在脚手架下穿行。

9. 不得由高处向下投物，防止高空坠物伤人。

10. 各工种、工序交叉作业作好安全防护。

11. 预制构件应有防风紧固措施，防止大风失稳。大雨、大风时，禁止进行预制构件吊装就位施工作业。已就位的预制构件应将斜支撑安装牢固稳定。

## 第二节 安全防护知识

1. 所有临边部位均搭设防护栏杆，防护栏杆上皮距地面 1.5m。

2. 进行洞口作业以及在因工程和工序需要而产生的，使人与物有坠落危险或危及人身安全的其他洞口进行高空作业时，必须设置防护措施。

3. 楼板上边长小于 1.5m×1.5m 的洞口，搭设两道护栏挂安全网或设固定盖板。楼板上的预留洞口在施工过程中可保留钢筋网片，暂不割断，起到安全防护作用，并将上口覆盖好。

4. 楼板上边长大于 1.5m 以上的洞口，四周除设防护栏杆外，洞口下面设水平安全网。

5. 电梯井口设置 1.8m 高钢筋预制防护栏，电梯井内、地下一层顶板及首层顶板各设置一道双层安全网，其余每隔两层且不大于 10m 设置一道安全网。

6. 因施工需要临时拆除洞口、临边防护的，必须设专人监护，监护人员撤离前必须将原防护设施复位。

7. 竖向预制构件安装固定后，操作人员需使用梯子摘钩，严禁攀爬预制构件。

## 第三节　临时用电安全知识

1. 按 TN-S 系统设计要求设置保护接零系统，实施三相五线制，杜绝疏漏。所有接零接地处必须保证可靠的电气连接。保护线 PE 必须采用双色线。严格与相线、工作零线区别，严禁混用。

2. 配电箱、开关箱在使用过程中的操作顺序为总配电箱、分配电箱、开关箱、用电设备；停电操作顺序为用电设备、开关箱、分配电箱。

3. 配电箱或配电线路维修时应悬挂停电标志，停送电必须由专业电工负责。

4. 设备与开关箱间距不大于 3m，与配电箱的间距不大于 30m；各级开关箱应安装漏电保护器，单机使用的漏电保护器的额定漏电动作电流为 30mA，漏电动作时间应小于 0.1s。

5. 每台用电设备应有各自专用的开关箱，做到"一机、一闸、一漏电、一箱"，实行逐级保护，严禁用同一个开关电器直接控制两台及以上用电设备（含插座）。冬期施工严格检查各项措施并对各设备进行维护。

6. 配电箱、开关箱中导线的进线口和出线口应设在箱体的下底面，严禁设在箱体的上顶面、侧面、后面和门处；移动式配电箱的进、出线必须采用橡皮绝缘电缆。

7. 所有配电箱、开关箱应每月检修一次，维修人员必须是专业电工，检修时必须按规定穿绝缘鞋、戴手套、使用电工绝缘工具。

8. 开关箱接电必须由专业电工完成，非专业电工不得接线。

9. 现场使用的各种电气设备、电缆、导线均需有产品合格证、生产许可证及电缆试验报告。

10. 落地安装的配电箱和开关箱应装设在干燥、通风及常温场所。

# 第四节 起重吊装安全知识

1. 起重机司机、信号工、挂钩工必须经专门安全技术培训，起重司机、信号工考试合格持证上岗。

2. 参与起重吊装人员应健康，两眼视力均不得低于1.0，无色盲、听力障碍、高血压、心脏病、癫痫病、眩晕、突发性昏厥及其他影响起重吊装作业的疾病与生理缺陷。

3. 作业前必须检查作业环境、吊索具、防护用品。吊装区域无闲散人员，障碍已排除。吊索具无缺陷，捆绑正确牢固，被吊物与其他物件无连接。确认安全后方可作业。

4. 轮式或履带式起重机作业时必须确定吊装区域，并设警戒标志，必要时派人监护。

5. 大雨、大雪、大雾及风力六级以上（含六级）等恶劣天气，必须停止露天起重吊装作业。严禁在带电的高压线下或一侧作业。

6. 吊装预制构件应制作专用的吊装钢梁进行辅助吊装。吊装时保证吊钩与钢梁之间钢丝绳水平夹角不大于60°且不应小于45°。钢梁与预制构件之间钢丝绳保证竖向垂直。预制构件吊装需要配置牵引绳，利用牵引绳使操作工人在触碰不到预制构件高度的情况下控制预制构件下落的位置。

7. 施工前应编写预制构件吊装专项方案。

8. 起重机司机必须熟知下列知识和操作能力：

（1）所操纵的起重机的构造和技术性能。

（2）起重机安全技术规程、制度。

（3）起重量、变幅、起升速度与机械稳定性的关系。

（4）钢丝绳的类型、鉴别、保养与安全系数的选择。

（5）一般仪表的使用及电气设备常见故障的排除。

（6）钢丝绳接头的穿接（卡接、插接）。

（7）吊装构件重量计算。

（8）操作中能及时发现或判断各机构故障，并能采取有效措施。

（9）制动器突然失效能作紧急处理。

9. 指挥信号工必须熟知下列知识和操作能力：

（1）应掌握所指挥的起重机的技术性能和起重工作性能，能定期配合司机进行检查。能熟练地运用手势、旗语、哨声和通信设备。

（2）能看懂一般的建筑结构施工图，能按现场平面布置图和工艺要求指挥起吊、就位构件、材料和设备等。

（3）掌握常用材料的重要和吊运就位方法及构件重心位置，并能计算非标准构件和材料的重量。

（4）正确地使用吊具、索具，编插各种规格的钢丝绳。

（5）有防止构件装卸、运输、堆放过程中变形的知识。

（6）掌握起重机最大起重量和各种高度、幅度时的起重量，熟知吊装、起重有关知识。

（7）严格执行"十不吊"的原则。即：被吊物重量超过机械性能允许范围；信号不清；吊物下方有人；吊物上站人；埋在地下物；斜拉斜牵物；散物捆绑不牢；立式构件、大模板等不用卡环；零碎物无容器；吊装物重量不明等。

10. 挂钩工必须相对固定并熟知下列知识和操作能力：

（1）服从指挥信号的指挥。

（2）熟练运用手势、旗语、哨声。

（3）熟悉起重机的技术性能和工作性能。

（4）熟悉常用材料重量、构件的重心位置及就位方法。

（5）熟悉构件的装卸、运输、堆放的有关知识。

（6）能正确使用吊、索具和各种构件的拴挂方法。

11. 使用起重机作业时，必须正确选择吊点的位置，合理穿挂索具，试吊。除指挥及挂钩人员外，严禁其他人员进入吊装作业区。

12. 使用两台吊车抬吊大型构件时，吊车性能应一致，单机荷载应合理分配，且不得超过额定荷载的80%。作业时必须统一指挥，动作一致。

13. 穿绳：确定吊物重心，选好挂绳位置。穿绳应用铁钩，不得将手臂伸到吊物下面。吊运棱角坚硬或易滑的吊物，必须加衬垫，用套索。

14. 挂绳：应按顺序挂绳，吊绳不得相互挤压、交叉、扭压、绞拧。一般吊物可用兜挂法，必须保护吊物平衡，对于易滚、易滑或超长货物，宜采用绳索方法，使用卡环锁紧吊绳。

15. 试吊：吊绳套挂牢固，起重机缓慢起升，将吊绳绷紧稍停，起升不得过高。试吊中，指挥信号工、挂钩工、司机必须协调配合。如发现吊物重心偏移或其他物件黏连等情况时，必须立即停止起吊，采取措施并确认安全后方可起吊。

16. 摘绳：落绳、停稳、支稳后方可放松吊绳。对易滚、易滑、易散的吊物，摘绳要用安全钩。挂钩工不得站在吊物上面。如遇不易人工摘绳时，应选用其他机具辅助，严禁攀登吊物及绳索。

17. 抽绳：吊钩应与吊物重心保持垂直，缓慢起绳，不得斜拉、强拉，不得旋转吊臂抽绳。如遇吊绳被压，应立即停止抽绳，可采取提头试吊方法抽绳。吊运易损、易滚、易倒的吊物不得使用起重机抽绳。

18. 吊挂作业应遵守以下规定：

（1）兜绳吊挂应保持吊点位置准确、兜绳不偏移、吊物平衡。

（2）锁绳吊挂应便于摘绳操作。

（3）卡具吊挂时应避免卡具在吊装中被碰撞。

（4）扁担吊挂时，吊点应对称于吊物中心。

19. 新起重工具、吊具应按说明书检验，试吊后方可正式使用。

20. 长期不用的超重、吊挂机具，必须进行检验、试吊，确认安全后方可使用。

21. 钢丝绳、套索等的安全系数不得小于 8～10。

## 第五节 脚手架安全知识

1. 脚手架搭设人员必须是经过国家现行标准《特种作业人员安全技术考核管理规定》考核合格的专业架子工，并必须持证上岗。

2. 架子工属高空作业工种之一，应定期进行体检，凡患有高血压、低血压、严重心脏病、贫血病、癫痫病等疾病者不得从事高处作业。

3. 高处作业者必须使用安全帽、安全带、穿软底鞋，登高前严禁喝酒，并消除鞋底泥砂油垢。

4. 脚手板使用时间较长，因此在使用过程中需要进行检查，发现杆件变形严重、防护不全、拉结松动等问题要及时解决。

5. 作业层上的施工荷载应符合设计要求，不得超载。不得将外墙干挂板钢龙骨、陶土板等物料集中堆放在架体上；严禁悬挂起重设备，严禁拆除或移动架体上安全防护设施。

6. 风力六级及六级以上、高温、大雨、大雪、大雾等恶劣天气，应停止露天高处作业。雨雪天气后作业时必须采取防滑措施；风、雨、雪后应对架子进行全面检查，发现倾斜、下沉、脱扣、崩扣等现象必须进行处理，经验收合格后方可使用。

7. 脚手架使用中，严禁拆除主节点处纵横向水平杆，纵横向扫地杆、连墙件等。如施工必须改动连墙件，须征得项目部技术、安全人员同意，并采取其他可行措施后，方可改动。拆改架子必须由专业架子工完成，其他任何人不得私自修改架子。

8. 脚手板应铺设牢靠、严实，并应用安全网双层兜底。施工层以下每隔 10m 应用安全网封闭。

9. 脚手架沿墙体外围应用密目式安全网全封闭，密目式安全网宜设置在脚手架外立杆的内侧，并应与架体结扎牢固。

10. 在脚手架使用期间，严禁拆除下列杆件：① 主节点处的纵、横向水平杆，纵、横向扫地杆；②连墙件。

11. 不准利用脚手架吊运重物；作业人员不准攀登架子上下作业面；吊车吊物体时不能碰撞和拖动脚手架。

12. 施工人员严禁凌空抛掷杆件、物料、扣件及其他，材料不得乱扔。

13. 六级以上（含六级）大风、大雪、大雾、大雨天气停止脚手架作业。在冬期、雨期要经常检查脚手板、斜道板、跳板上有无积雪、积水等物，若有则应随时清扫，并要采取防滑措施。

14. 竖向构件存放架子要有足够的刚度及稳定性，并支垫牢固。

# 第六节　电焊施工安全知识

1. 电焊作业人员应持证上岗，动火作业前应对可燃物进行清理，作业现场及其附近无法移走的可燃物应采用不燃材料对其覆盖或隔离，并备足灭火器材和灭火用水，设专人看护，作业后必须确认无火源后方可离去。动火证必须经总包单位防火负责人审批，当日有效。用火地点变换，应重新办理。

2. 电焊作业现场周围 10m 范围内不得堆放易燃易爆物品。

3. 雨、雪、风力六级以上（含六级）天气不得露天焊接作业。雨、雪后应清除积水、积雪后方可作业。

4. 操作时遇下列情况必须切断电源：改变电焊机接头时；更换焊件需要改接二次回路时；转移工作地点搬动焊机时；焊机发生故障需进行检修时；更换保险装置时；工作完毕或临时离开操作现场时。

5. 高处作业必须遵守下列规定：必须使用标准的防火安全带，并系在可靠的构架上；必须在作业点正下方 5m 外设置护栏，并设专人监护。必须清除作业点下方区域易燃、易爆物品；必须戴盔式面罩。焊接电缆应绑紧在固定处，严禁绕在身上或搭在背上作业；焊工必须站在稳固的操作平台上作业，焊机必须放置平稳、牢固，设有良好的接地保护装置。

6. 焊接时二次线必须双线到位，严禁借用金属管道、金属脚手架、轨道及结构钢筋做回路地线。焊把线无破损，绝缘良好。焊把线必须加装电焊机触电保护器。

7. 焊把线不得放在电弧附近或炽热的焊缝旁。不得碾轧焊把线。应采取防止焊把线被尖利器物损伤的措施。

8. 下班后必须拉闸断电，必须将地线和把线分开，并确认火已熄灭方可离开现场。

9. 电焊机使用前，必须检查绝缘及接线情况，接线部分必须使用绝缘胶布缠严，不得腐蚀、受潮及松动。

10. 电焊机必须设单独的电源开关、自动断电装置。一次侧电源线长度不大于 5m，二次线焊把线长度不大于 30m。两侧接线应压接牢固，必须安装可靠防护罩。

11. 电焊机的外壳必须设可靠的接零或接地保护。

# 参 考 文 献

［1］ 装配式剪力墙结构深化设计、构件制作与安装技术指南. 北京：中国建筑工业出版社，2016.

［2］ 装配式混凝土结构设计与工艺深化设计从入门到精通. 北京：中国建筑工业出版社，2016.

［3］ 全国民用建筑工程设计技术措施建筑产业现代化专篇（装配式混凝土剪力墙结构施工）. 北京：中国计划出版社，2017.

［4］ 装配整体式混凝土结构工程施工. 北京：中国建筑工业出版社，2015.

［5］ 装配式混凝土住宅工程施工手册. 北京：中国建筑工业出版社，2015.

［6］ 装配式建筑系列标准应用实施指南装配式混凝土结构建筑. 北京：中国计划出版社，2016.

［7］ 北京市住房和城乡建设委员会关于加强装配式混凝土结构产业化住宅工程质量管理的通知京建法［2014］16号.

［8］ 混凝土结构工程施工质量验收规范 GB 50204—2015.

［9］ 混凝土结构工程施工规范 GB 50666—2001.

［10］ 钢筋连接用套筒灌浆料 JGT 408—2013.

［11］ 钢筋连接用灌浆套筒 JGT 398—2012.

［12］ 钢筋套筒灌浆连接应用技术规程 JGJ 355—2015.

［13］ 硅酮建筑密封胶 GB/T 14683—2003.

［14］ 柔性泡沫橡塑绝热制品 GB/T 17794—2008.

［15］ 装配式混凝土结构技术规程 JGJ 1—2014.

［16］ 装配式混凝土建筑技术标准 GB/T 51231—2016.

［17］ 装配式混凝土结构工程施工与质量验收规程 DB11/T 1030—2013.

［18］ 预制混凝土构件质量检验标准 DB11/T 968—2013.

［19］ JM 钢筋套筒灌浆连接作业指导书. 北京思达建茂科技发展有限公司.